优选

家装设计典范

《优选家装设计典范》编写组/编

呈现重点局部及多空间设计的优秀案例
合理的分册提升参考效率

U0336735

隔断 顶棚

化学工业出版社
·北京·

参加编写人员

许海峰	何义玲	何志荣	廖四清	刘 琳	刘秋实
刘 燕	吕冬英	吕荣娇	吕 源	史樊兵	史樊英
郇春园	张 淼	张海龙	张金平	张 明	张莹莹
王凤波	高 巍	葛晓迎	郭菁菁	郭 胜	姚娇平

图书在版编目(CIP)数据

优选家装设计典范. 隔断 顶棚 / 《优选家装设计典范》编
写组编. — 北京：化学工业出版社，2015.1
ISBN 978-7-122-22268-8

Ⅰ．①优… Ⅱ．①优… Ⅲ．
①住宅－隔墙－室内装修－建筑设计－图集②住宅－顶棚－室内
装修－建筑设计－图集 Ⅳ．①TU767-64

中国版本图书馆CIP数据核字(2014)第258570号

责任编辑：王 斌 邹 宁　　　　　　　　装帧设计：锐扬图书

出版发行：化学工业出版社(北京市东城区青年湖南街13号　邮政编码100011)
印　　装：北京画中画印刷有限公司
889mm×1194mm　　1/16　　印张 7　　2015年 5 月北京第 1 版第 1 次印刷

购书咨询：010-64518888 (传真：010-64519686)　　售后服务：010-64518899
网　　址：http://www.cip.com.cn
凡购买本书，如有缺损质量问题，本社销售中心负责调换。

定　　价：39.80元

图解家装风格珍藏集

现代
定价：39.00元

中式
定价：39.00元

欧式
定价：39.00元

混搭
定价：39.00元

美家空间 HOME DEA ＝珍藏版＝ 分享最新鲜的家装资讯

最新大户型背景墙

定价：49.00元

新中式家装演绎

客厅 餐厅 玄关走廊
定价：49.00元

背景墙 顶棚
定价：49.00元

最新客厅风格佳作

清新
定价：39.00元

典雅
定价：39.00元

时尚
定价：39.00元

优选家装设计典范

背景墙
定价：39.80元

客厅
定价：39.80元

餐厅、玄关走廊
定价：39.80元

卧室、书房、休闲区
定价：39.80元

隔断、顶棚
定价：39.80元

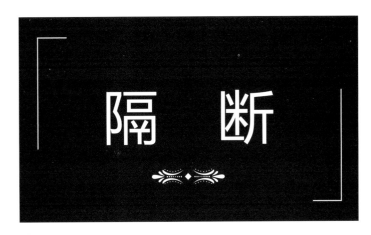

餐厅隔断的设计

　　所谓餐厅隔断,是指专门用于分割餐厅空间的不到顶的半截立面。它与隔墙其实功能上比较相近,最大的区别在于隔墙是做到天花板下的,即立面的高度不同,而隔断是一般不做到天花板下,有的隔断甚至可以自由移动。从早几年开始,隔断作为家居中分割空间和装饰的元素被家居行业重视,也得到了广大群众的喜爱,如今餐厅隔断流行开来,已经逐渐成为餐厅必备的家具。比如屏风、展示架、酒柜,这样的隔断既能打破固有格局、区分不同功能的空间,又能使居室环境富于变化,实现空间之间的相互交流,为居室提供更大的艺术与品位相融合的空间。这样的设计和演化,是餐厅装修的必然趋势。

走廊隔断的风格设计

　　走廊隔断的风格必须要与家居整体的风格相协调，而且由于使用的特殊性，走廊最好不要采用对比的设计手法，而应该略简于家居的整体装修。隔断可以进行的装饰装修之处不多、面积不大，因此不要刻意去追求华丽的风格情调，可通过整体的感觉或者是用重点的局部点缀来呼应整体。一般情况下，走廊隔断可以稍作变化，以丰富层次。走廊隔断可以延续客厅的做法，而照明和装饰则以看着舒适、自然为准，既不能太单调，也不可太耀眼，应稍逊于所连接的较大空间，如客厅、餐厅等。

客厅吊顶的设计

　　用石膏在天花吊顶四周做造型，石膏可做成几何图案或花鸟虫鱼图案，具有价格便宜、施工简单的特点，只要和房间的装饰风格相协调，效果也不错。四周吊顶，中间不吊，此种吊顶可用木材夹板成形，设计成各种形状，再配以射灯和筒灯，在不吊顶的中间部分配上较新颖的吸顶灯，会使人觉得房间空间增高了，尤其是面积较大的客厅，效果会更好。四周吊顶做厚，中间部分做薄，形成两个层次，此种方法中四周吊顶造型较讲究，中间用木龙骨做骨架，而面板采用不透明的磨砂玻璃，玻璃上可用不同颜料喷涂上中国古画图案或几何图案，这样既有现代气息又给人以古色古香的感觉。如果房屋空间较高，则吊顶形式选择的余地比较大，如石膏吸音板吊顶、玻璃纤维棉板吊顶、夹板造型吊顶等，这些吊顶既美观，又具有减少噪声等功能。

顶棚·客厅

让客厅吊顶丰富的窍门

家居装饰吊顶可以让生活变得丰富多彩。常见的吊顶形式有以下几种。

1.异型吊顶：在楼层比较低的客厅可以采用异型吊顶。方法是用平板吊顶的形式，把顶部的管线遮挡在吊顶内，顶面可嵌入筒灯或内藏日光灯，使装修后的顶面形成两个层次，不会产生压抑感。异型吊顶采用的云形波浪线或不规则弧线，一般不超过整体顶面面积的三分之一，超过或小于这个比例，就难以达到好的效果。

2.局部吊顶：局部吊顶是为了隐藏居室顶部的水、电、气管道，而且房间的高度又不允许进行全部吊顶的情况下采用的一种吊顶方式。这种方式的最好适用场合是：水、电、气管道靠近边墙附近，装修出来的效果与异型吊顶相似。

3.藻井式吊顶：选择这类吊顶的前提是，房间有一定的高度（高于2.85米），且房间较大。它的式样是在房间的四周进行局部吊顶，可设计成一层或两层，装修后的效果有增加空间高度的感觉，还可以改变室内的灯光照明效果。

4.无吊顶装修：由于城市的住房普遍较低，吊顶后可能会感到压抑和沉闷，所以不加修饰的顶面开始流行起来。顶面只做简单的平面造型处理，采用现代的灯饰，配以精致的角线，给人一种轻松、自然的感觉。

吊顶的色彩设计

1.吊顶颜色不能比地板深：顶面色彩，一般不超过三种颜色。选择吊顶颜色的最基本法则，就是色彩最好不要比地板深，否则很容易有头重脚轻的感觉。如果墙面色调为浅色系列，用白色吊顶会比较合适。

2.吊顶选色参考的因素：选择吊顶色彩一般需要考察瓷砖的颜色与橱柜的颜色，以协调、统一为原则；深色块面一般作为点缀，除非是设计师特意设计的风格。

3.墙面色彩强烈最适合用白色吊顶：一般而言，使用白色吊顶是最不容易出错的做法，尤其是当墙面已经有强烈色彩的时候，吊顶选用白色就不会干扰原本要强调的壁面色彩，否则很容易因为色彩过多而产生紊乱的感觉。

高层高客厅的灯饰搭配

　　层高较高的房间，宜用三叉到五叉的白炽吊灯，或一个较大的圆形吊灯，这样可以使客厅显得大气。比如室内空间高度为2.6~2.8米，那么吊灯的高度就不能高于30厘米，否则就会显得不协调。不宜用全部向下配光的吊灯，可用少数灯光打在墙上反射照明的方法来缩小上下空间亮度的差别。习惯在客厅活动的人，客厅空间的立灯、台灯就应以装饰为主，功能性为辅。立灯、台灯是搭配各个空间的辅助光源，为了便于与空间协调搭配，造型太奇特的灯具不宜使用。

吊顶装修的注意事项

　　天花板的装修，除选材外，主要是关注造型和尺寸比例的问题，前者应按照具体情况具体处理，而后者则须以人体工程学、美学为依据进行计算。从高度上来说，家庭装修的内净高度不应少于2.6米，否则，尽量不做造型天花，而选用石膏线条框设计。装修若用轻钢龙骨石膏板天花或夹板天花，在其面涂漆时，应先用石膏粉封好接缝，然后用牛皮胶带纸密封后再打底层、涂漆。

吊顶施工的注意事项

在吊顶施工阶段，需要注意以下事项。

1.木、轻钢龙骨处理：如果居室中出现火情，火苗是向上燃烧的。所以，如果自家的木龙骨不做防火处理，一旦出现火情，将会造成不堪设想的后果。因此，在施工的过程中，应该严格对木龙骨进行防火处理，对于轻钢龙骨安装也要按规定对其进行防锈处理。

2.吊杆合理：在布置吊杆的时候，应该按照设计的要求进行弹线，确定吊杆的位置，而且其间距不应该大于1.2米。另外，吊杆不应该与用作其他设备的吊杆混用，当吊杆和其他设备相撞的时候，应该根据实际情况来调整吊杆的数量。

3.吊顶拼接：在安装主龙骨之后，应该及时检查其拼接是否平整，然后在安装的过程中进行调试，一定要满足板面的平整要求。在固定螺栓的时候，应该从板的中间向四周固定，而不应该同时施工。

4.交接无漏缝：吊顶压条在安装的时候一定要平直，根据实际情况及时调整，而墙面刷涂料的时候一定不要有堆积现象，尤其是在墙面和吊顶交接的地方，不应该有漏缝等现象发生。

顶棚 · 餐厅

木格栅吊顶施工的工艺流程

1.准确测量：在安装木格栅骨架之前，应该准确测量吊顶的尺寸，根据尺寸的大小来实际调节木格栅骨架的制作。而且只有尺寸合适，才会避免过多的浪费，才会减少装修费用。

2.加工、刨光：需要安装的木格栅龙骨应该进行精加工，而且其表面也应该进行刨光。其接口处开槽，横、竖龙骨的交接处也应该开半槽来搭接，另外，还应该对木格栅龙骨进行阻燃剂涂刷的处理，以利于防火。

3.饰面处理：对木格栅骨架的表面进行饰面处理，也就是粘贴较名贵的木材薄片，安装照明灯具和收口装饰条等。灯具底座可以在木格栅骨架制作的时候进行安装，而吊装之后就接通电源。木格栅内框的装饰条应该在地面装完、吊顶安装之后再装收口条封边。木格栅装完之后，还要进行饰面的清油涂刷，等到涂刷之后安装磨砂玻璃。

4.安装木格栅骨架：安装的时候，应该根据设计弹出的标高控制线和吊杆安装线，在墙面和吊顶钻孔下木模。吊顶的吊件应该使用粗金属丝以固定在龙骨里面的挂钩上，这样才会更加坚固。

顶棚 · 卧室

卧室吊顶的注意事项

卧室吊顶不宜设计成复杂造型，一般来说卧室的直接照明越少越好，对眼睛的舒适有好处。所以可以考虑用简单的灯带做间接照明。如果层高较低，不宜做吊顶，可以用石膏线简单装饰，卧室灯的造型可稍稍讲究些，采用舒适的暖光源来烘托卧室温馨的气氛。

卧室吊顶的设计

　　卧室吊顶的设计要以简洁为好；复杂多层的吊顶，一方面会增加楼板的负荷，另外对其本身的安全性也会有更高的要求。吊钩的承重力十分重要，根据国家标准，吊钩必须能够挂起吊灯4倍的重量才能算是安全的，因此对吊钩的承重能力必须加以检查测试。在施工中，要注意避免在混凝土圆孔板上凿洞、打眼、吊挂顶棚以及安装艺术照明灯具。在卧床、沙发等部位的上方最好不要安装吊灯、吊扇等，如果要装，最好选择灯罩为塑料、纸等较轻材质的灯具，不要选择玻璃灯具。

卧室顶棚灯饰的配置

　　卧室顶棚的灯饰应根据居住者年龄的不同来选择。儿童天真幼稚，生性好动，可选用外形简洁活泼、色彩轻柔的灯具，以满足儿童成长的心理需要；青少年日趋成熟，独立意识强烈，顶棚灯饰的选择应讲究个性，色彩要富于变化；中青年性格成熟，工作繁重，顶棚灯饰的选择要考虑到夫妻双方的爱好，在温馨中求含蓄，在热烈中求清幽，以利于夫妻生活幸福而美满；老年生活平静，卧室顶棚的灯饰应外观简洁，光亮充足，以表现出平和清静的意境，满足老人追求平静的心理要求。